Entflechtung von Energieversorgungsunternehmen

Gegenüberstellung der Umsetzung einer organisatorischen und gesellschaftsrechtlichen Entflechtung anhand von zwei Energieversorgungsunternehmen

Oliver Fischer

Bibliografische Information der Deutschen Nationalbibliothek:

Die Deutsche Nationalbibliothek verzeichnet diese Publikation in der Deutschen Nationalbibliografie; detaillierte bibliografische Daten sind im Internet über http://dnb.d-nb.de abrufbar.

ISBN: 9783389036785
Dieses Buch ist auch als E-Book erhältlich.

Fischer, Oliver

Assignment

Entflechtung von Energieversorgungsunternehmen

Gegenüberstellung der Umsetzung einer organisatorischen und gesellschaftsrechtlichen Entflechtung anhand von zwei selbst gewählten Energieversorgungsunternehmen

Studiengang: Betriebswirtschaftslehre – Bachelor of Arts (B. A.)

Inhaltsverzeichnis

Abkürzungs- und Begrifflichkeitsverzeichnis

BSI	=	Bundesamt für Sicherheit in der Informationstechnik
Determinante	=	bestimmender Faktor
Entflechtung	=	die Herstellung oder Stärkung der Unabhängigkeit zwischen verschiedenen Geschäftsfeldern eines Unternehmens oder Unternehmensverbundes aufgrund entsprechender gesetzlicher und/oder regulierungsbehördlicher Vorgaben[1]
ENTSO-E	=	European Network of Transmission System Operators for Electricity
EnWG	=	Energiewirtschaftsgesetz
Europäische Kommission	=	das ausführende Organ der Union[2]
Inhärent	=	einer Sache innewohnend[3]
Liberalisierung	=	Deregulierung und Privatisierung[4]
Monopolstellung	=	marktbeherrschende Stellung, wirtschaftliche Vormachtstellung[5]
Redispatch 2.0	=	Eingriffe in die Erzeugungsleistung von konventionellen Kraftwerken (bisher mit einer installierten Leistung größer 10 MW), um Leitungsabschnitte oder Trafos vor einer Überlastung zu schützen[6]

---

[1] Wikipedia (2023), Internetquelle
[2] Die Bundesregierung (2023), Internetquelle
[3] Oxford Languages (2023), Internetquelle
[4] Wikipedia (2023), Internetquelle
[5] Oxford Languages (2023), Internetquelle
[6] Virtuelles Kraftwerk (2021), Internetquelle

Rollout	=	Einführung oder Markteinführung[7]
Shared Service	=	Konsolidierung und Zentralisierung von Dienstleistungsprozessen einer Organisation[8]
vertikal integriert	=	unternehmerischer Zusammenschluss aller Aktivitäten von der Rohstoffgewinnung bis hin zum Verkauf an die Endkunden[9]
Zwei-Mandanten-System	=	Einrichtung komplett voneinander getrennter Systembereiche[10]

---

[7] CPC AG (2023), Internetquelle
[8] Wikipedia (2018), Internetquelle
[9] Controlling-Wiki (2020), Internetquelle
[10] Pressebox (2007), Internetquelle

1. Einleitung

1.1 Problemstellung

Die Energieversorgungsbranche steht in Zeiten des wachsenden Umweltbewusstseins, steigender Nachhaltigkeitsanforderungen und technologischer Innovationen vor zahlreichen Herausforderungen und Veränderungen.

Ein prägnantes Themenfeld war und ist dabei die Entflechtung von Energieversorgungsunternehmen, denn es wurde, nachdem viele Energieversorgungsunternehmen auf dem Strommarkt über Jahre hinweg eine Monopolstellung genießen durften, eine Liberalisierung des Strommarktes angestrebt.[11]

Zwar hat der europäische Elektrizitätsmarkt in den vergangenen Jahren bereits formale Liberalisierungsschritte durchlaufen, doch die angestrebten Ziele sind dabei nicht vollständig erreicht worden, weshalb die Schaffung eines gemeinsamen europäischen Strommarktes und die Förderung intensiven Wettbewerbs unter verschiedenen Anbietern weiterhin im Fokus nationaler Aufsichtsbehörden und europäischer Organe standen.[11]

Zur Bewältigung dieser Probleme wurden bereits 2003 auf europäischer Ebene Vorschriften zur Entflechtung des Netzbetriebs eingeführt,[11] welche allerdings verschiedene Entflechtungstiefen aufzeigen, die Unternehmen auf Grundlage ihres Versorgungsumfanges umsetzen müssen. Dabei wird u.a. unterschieden zwischen der gesellschaftsrechtlichen und der organisatorischen Entflechtung, was die Entflechtung zu einem komplexen Thema macht.

1.2 Zielsetzung und Aufbau

In dieser Arbeit wird daher das Hauptziel verfolgt, eine umfassende Analyse der Entflechtung von Energieversorgungsunternehmen durchzuführen und die Auswirkungen der organisatorischen und gesellschaftsrechtlichen Entflechtung auf Effizienz, Wettbewerb und Nachhaltigkeit zu bewerten. Dazu wird zunächst eine umfassende Untersuchung der theoretischen Grundlagen zur Entflechtung vorgenommen, einschließlich der Funktionen von Energieversorgungsunternehmen, der Notwendigkeit der Entflechtung und der verschiedenen Arten und Tiefen der Entflechtung, bevor dann zwei Energieversorgungsunternehmen ausgewählt und detailliert analysiert werden. Dies umfasst den Hintergrund und die Motivation für die Entflechtung, die Umsetzung der Maßnahmen sowie die Erfahrungen und Auswirkungen auf verschiedene Entflechtungstiefen. Darauf aufbauend erfolgt ein umfassender Vergleich der Entflechtungsansätze und -tiefen der ausgewählten

---

[11] Vgl. Büdenbender (2010), S. 1-2

Unternehmen. Dabei werden Gemeinsamkeiten und Unterschiede herausgearbeitet, und die Auswirkungen auf Effizienz, Wettbewerb und die Energiebranche insgesamt werden bewertet. Abschließend werden die Erkenntnisse dieser Arbeit zusammengefasst und Schlussfolgerungen gezogen, die nicht nur für die beiden untersuchten Unternehmen, sondern auch für die gesamte Energiebranche von Bedeutung sind.

2. Theoretische Grundlagen zur Entflechtung

2.1 Energieversorgungsunternehmen und ihre Funktionen

Die Funktion von Energieversorgungsunternehmen - welche natürliche oder juristische Personen sind, die Energie an andere liefern, ein Energieversorgungsnetz betreiben oder über ein Energieversorgungsnetz als Eigentümer Verfügungsbefugnis besitzen - erstreckt sich über verschiedene Schlüsselbereiche innerhalb der Energiewirtschaft.[12] So umfasst diese Branche Unternehmen, die Energie erzeugen, verteilen und handeln,[13] wobei der weitere Fokus dieses Abschnittes auf den Funktionen von Energieversorgungsunternehmen liegt, insbesondere von denen, die Strom an Endverbraucher liefern.

So erstreckt sich die Funktion von Energieversorgungsunternehmen in den meisten Fällen über die gesamte Wertschöpfungskette der Energiewirtschaft und steht vor Herausforderungen und Veränderungen, die durch den Übergang zu erneuerbaren Energien und technologische Entwicklungen vorangetrieben werden.[13] Dabei besteht die Wertschöpfungskette eines vertikal integrierten Energieversorgungsunternehmens aus mehreren Bereichen: Erzeugung, Handel, Transport und Verteilung (Netze), Messwesen und Vertrieb, wobei die Energieerzeugung die Gewinnung elektrischer Energie aus verschiedenen Quellen umfasst, sei es konventionell (z.B. Kohle oder Öl) oder erneuerbar (z.B. Sonne oder Wind).[13]

Der Transport und die Verteilung dieser erzeugten Energie erfolgen über Leitungsnetze, beginnend auf Höchst- und Hochspannungsebene und erstrecken sich bis zu den regionalen Verteilnetzen. Da sich die Zusammensetzung der Energieerzeugung in Deutschland in den letzten Jahren stark verändert hat, weil u.a. die Energiewende einen deutlichen Anstieg erneuerbarer Energien zur Stromerzeugung verzeichnet, stellen der Ausbau und Betrieb dieser Netze eine wesentliche Herausforderung für die Branche dar, insbesondere im Hinblick auf die Integration erneuerbarer Energien.[13]

---

[12] gem. EnWG §3 Abs. 18
[13] Vgl. Kruck (2018), S. 10-12

Dazu sind Energieversorgungsunternehmen stark von externen Faktoren beeinflusst, darunter rechtliche, technische und wirtschaftliche Komponenten, wie auch die Notwendigkeit zur Entflechtung, welche im folgenden Abschnitt weiter thematisiert wird. Diese und weitere Determinanten wirkten sich in unterschiedlichem Maße auf die verschiedenen Bereiche der Wertschöpfungskette aus und prägen bisher die strategische Ausrichtung der Unternehmen.[14]

2.2 Notwendigkeit und Ziele der Entflechtung

Dabei ist das Hauptziel der Liberalisierung der europäischen Energiemärkte für Elektrizität und Gas die Schaffung eines effektiven und gemeinsamen Marktes in Europa, der Wettbewerb ermöglicht. Obwohl es nach 2003 bereits Fortschritte gegeben hat, wurde das Liberalisierungsziel noch nicht vollständig erreicht, wie die Wettbewerbsuntersuchung von 2007 zeigte. Daher wurde 2009 ein drittes Binnenmarktpaket von der EU-Kommission verabschiedet.[15]

Dieses Paket zielt darauf ab, strukturelle Probleme auf den Energiemärkten zu lösen und den europaweiten Wettbewerb zu fördern, insbesondere im Elektrizitätsmarkt. Das Paket setzt dabei zum einen auf die Stärkung und Harmonisierung der nationalen Regulierungsbehörden, um ihre Unabhängigkeit von staatlichem Einfluss sicherzustellen und ihre Ressourcen zu erweitern,[15] zum anderen auf die Gründung der Agentur für die Zusammenarbeit der Energieregulierungsbehörden, die über eigene Entscheidungskompetenzen bei grenzüberschreitenden Angelegenheiten verfügt, um Regulierungslücken zu schließen,[15] aber auch auf eine verpflichtende Zusammenarbeit der europäischen Übertragungsnetzbetreiber im Rahmen des ENTSO-E zur Schaffung einheitlicher Netzwerkregeln und zur Verbesserung der Versorgungssicherheit[15] und zuletzt auf stärkere Entflechtung des Übertragungsnetzes, um den inhärenten Interessenkonflikt zu beseitigen, der entsteht, wenn Netzeigentum und -betrieb mit Erzeugungskapazitäten und Vertriebsaktivitäten in einem vertikal integrierten Unternehmen zusammenfallen.

Diese vier zentralen Punkte sollen die Wettbewerbssituation verbessern und den Zugang für neue Anbieter erleichtern.[15]

2.3 Arten der Entflechtung und deren Entflechtungstiefen
2.3.1 Organisatorische Entflechtung

Die organisatorische Entflechtung bezieht sich auf die Trennung von Geschäftsbereichen innerhalb eines Unternehmens in eigenständige Abteilungen, um Interessenkonflikte zu verhindern und

---

[14] Vgl. Kruck (2018), S. 10-12
[15] Vgl. Büdenbender (2010), S. 10 - 12

den Wettbewerb zu fördern. Diese Abteilungen handeln finanziell eigenständig, und die Mitarbeiter sind klar definierten Geschäftsbereichen zugeordnet. Eine wesentliche Anforderung ist die personelle Trennung des Führungspersonals des Netzbetriebs eines vertikal integrierten Unternehmens.[16] Hierbei werden drei Gruppen von Personen mit unterschiedlichen Verantwortlichkeiten im Bereich des Netzbetriebs identifiziert: Personen mit Führungsaufgaben, Personen mit wichtigen Tätigkeiten sowie Personen mit anderen Aufgaben. Leitende Mitarbeiter dürfen beispielsweise nicht gleichzeitig anderen Geschäftsbereichen wie der Erzeugung und dem Vertrieb von Strom angehören oder von ihnen Weisungen erhalten.[17,18]

Darüber hinaus kann die organisatorische Entflechtung auch die Einrichtung eines eigenständigen operativen Managements mit unabhängigen Entscheidungsbefugnissen für die verschiedenen Geschäftsbereiche erfordern. Energieversorgungsunternehmen, die vertikal integriert sind, sind außerdem verpflichtet, ein Gleichbehandlungsprogramm zu entwickeln, das verbindliche Maßnahmen zur diskriminierungsfreien Ausübung des Netzgeschäfts enthält.[17,19]

Es ist jedoch wichtig zu beachten, dass diese Vorschriften nur für vertikal integrierte Energieversorgungsunternehmen gelten, die weniger als 100.000 Kunden direkt oder indirekt an das Verteilernetz angeschlossen haben.[17,20]

Zusammenfassend zielt die organisatorische Entflechtung im Vergleich zur gesellschaftsrechtlichen Entflechtung darauf ab, eine formale Trennung nach der Rechtsform herbeizuführen, die spezifische Anforderungen an die Organisationsstruktur, den Ablauf und die personelle Zuordnung im Netzbetrieb stellt. Dies dient der Stärkung der Eigenständigkeit des Netzbetriebs innerhalb des Unternehmens und trägt somit zur Reduzierung von Diskriminierung und Quersubventionierung bei.[21]

2.3.2 Gesellschaftsrechtliche Entflechtung

Im Gegensatz dazu zielt die gesellschaftsrechtliche Entflechtung auf die rechtliche Unabhängigkeit von verschiedenen Geschäftseinheiten ab, indem sie separate Gesellschaften oder Tochterunternehmen schafft. Die Führung eines Verteilernetzes muss bezüglich seiner rechtlichen Struktur losgelöst von den anderen Geschäftsfeldern wie der Stromerzeugung, Gewinnung und dem

---

[16] Gem. § 7a Absatz 2 EnWG
[17] Vgl. Liebert (2017), S. 19-20
[18] Gem. § 7a Absatz 2 Nr. 1 EnWG
[19] Gem. § 7a Absatz 5 EnWG
[20] Gem. § 7a Absatz 7 EnWG
[21] Vgl. Liebert (2017), S. 19-20

Vertrieb der Energieversorgung sein.[22] Das bedeutet, dass der Netzbetrieb von einer eigenständigen Betreibergesellschaft rechtlich wahrgenommen werden muss. Es ist jedoch wichtig zu betonen, dass diese Form der Entflechtung nicht zwingend eine Trennung des Eigentums der betroffenen Netzsparten mit sich bringt. Dies bedeutet, dass für das Ablösen von Netzbetriebsgesellschaften aus einer Konzern- oder Unternehmensstruktur, sowie für den Verkauf von Beteiligungen an einer Netzbetriebsgesellschaft während der Umsetzung der rechtlichen Entflechtung keine Notwendigkeit besteht. Es reicht aus, das Netz beispielsweise durch eine obligatorische Überlassung, beispielsweise durch Verpachtung, von den anderen Unternehmensbereichen zu trennen.[23]

Diese Form der Entflechtung gilt ebenfalls nur für Energieversorgungsunternehmen mit vertikaler Einbindung, die mindestens 100.000 Kunden direkt oder indirekt an das Verteilernetz angeschlossen haben.[24] In der Praxis steht die gesellschaftsrechtliche Trennung in der Regel eng in Verbindung mit der organisatorischen Entflechtung. Diese Entflechtungsform bietet den Vorteil, dass sie durch die Aufteilung des integrierten Unternehmens in verschiedene rechtliche Gesellschaften die Transparenz bezüglich der Verhältnisse innerhalb der verschiedenen Funktionsbereichen erhöhen kann. Dies erleichtert die Kontrolle und Überwachung im Hinblick auf Quersubventionierung und Diskriminierung.[23]

3. Fallstudien ausgewählter Energieversorgungsunternehmen
3.1 Stadtwerke y AG: Gesellschaftsrechtliche Entflechtung
3.1.1 Hintergrund und Motivation für die Entflechtung

In Übereinstimmung mit den gesetzlichen Bestimmungen des EnWG wurde im Jahr 2013 die y Netz GmbH gegründet. Diese Gesellschaft wurde im Rahmen eines gesellschaftsrechtlichen Entflechtungsprozesses als hundertprozentige Tochtergesellschaft der Stadtwerke y AG ins Leben gerufen. Das bedeutet, dass die Gesellschaften vollständig voneinander getrennt sind und keine gemeinsamen Leitungsorgane oder Mitarbeiter haben. Dieser Schritt war notwendig, um den Anforderungen des EnWG gerecht zu werden, welches eine klare Trennung zwischen dem Betrieb eines Verteilernetzes und anderen Tätigkeitsbereichen in der Energieversorgung forderte und um einen diskriminierungsfreien Zugang zum Stromnetz für alle Marktteilnehmer zu gewährleisten. Die Gründung der y Netz GmbH war somit eine Maßnahme zur Gewährleistung der rechtlichen

---

[22] Gem. § 7 Absatz 1 EnWG
[23] Vgl. Liebert (2017), S. 19-20
[24] Gem. § 7 Absatz 2 EnWG

Unabhängigkeit des Verteilernetzes von anderen Unternehmensaktivitäten innerhalb der Stadtwerke y AG.

3.1.2 Umsetzung und Erfahrungen

Seit der Umsetzung im Jahr 2013 sind die Aktivitäten der y Netz GmbH gemäß den Vorschriften klar von den Tätigkeiten Erzeugung und Vertrieb, in welchen die Stadtwerke y AG aktiv ist, separiert und sind somit rechtlich voneinander abgegrenzt.**Fehler! Textmarke nicht definiert.**
Um dabei den gesetzlichen Anforderungen zu entsprechen, erfolgte sowohl eine räumliche, als auch eine IT-seitige Trennung von der Muttergesellschaft. Diese Maßnahmen waren notwendig, um den Anforderungen an die Entflechtung nachzukommen. Zur Sicherstellung der informatorischen Entflechtung wurde ein fortschrittliches Zwei-Mandanten-System entwickelt, welches eine klare und effektive Trennung der Aktivitäten ermöglicht, um die Unabhängigkeit der y Netz als Netzbetreiber von den anderen Geschäftsbereichen der Stadtwerke y AG zu gewährleisten. Durch diese organisatorischen und technologischen Maßnahmen wird sichergestellt, dass die Vorgaben des Energiewirtschaftsgesetzes erfüllt werden und die y Netz ihre Aufgaben als eigenständiger Netzbetreiber erfolgreich wahrnehmen kann. Dazu mussten Prozesse daraufhin überprüft werden, ob sie den Grundsätzen der Diskriminierungsfreiheit und den Vorgaben des § 7a Abs. 5 EnWG entsprachen. Die y Netz richtete dazu ein Projektteam ein, um die neuen Anforderungen der Bundesnetzagentur zu erfüllen.**Fehler! Textmarke nicht definiert.**
Im Allgemeinen wurden unternehmensinterne Fragen an den Gleichbehandlungsbeauftragten in persönlichen Gesprächen geklärt, wodurch auch die Mitarbeiter über ein umfassendes Verständnis für die Anforderungen der Gleichbehandlung verfügten. Die Prozessabläufe wurden dokumentiert, und die Ergebnisse wurden den Mitarbeitern zur Verfügung gestellt.**Fehler! Textmarke nicht definiert.**

3.1.3 Ergebnisse und Auswirkungen

Die Gründung der y Netz GmbH im Jahr 2013 als Tochtergesellschaft der Stadtwerke y AG gemäß den Vorschriften des EnWG führte zu einer klaren Trennung der Aktivitäten, insbesondere des Verteilernetzbetriebs, von anderen Unternehmensbereichen. Organisatorische und technologische Maßnahmen, einschließlich einer räumlichen und IT-seitigen Trennung, gewährleisteten die rechtliche Unabhängigkeit. Das implementierte Zwei-Mandanten-System ermöglichte eine effektive informatorische Entflechtung. Die Überprüfung und Anpassung von Prozessen, insbesondere hinsichtlich Diskriminierungsfreiheit und § 7a Abs. 5 EnWG, erfüllten die Anforderungen der

Bundesnetzagentur. Die interne Kommunikation, einschließlich Schulungen und persönlicher Gespräche, schuf ein umfassendes Verständnis für Gleichbehandlungsanforderungen. Dokumentierte Prozessabläufe und die transparente Kommunikation der Ergebnisse stärkten die Akzeptanz. Insgesamt ermöglichten diese Maßnahmen eine erfolgreiche gesellschaftsrechtliche Entflechtung, erfüllten gesetzliche Vorgaben und schufen ein diskriminierungsfreies Umfeld für alle Marktteilnehmer.

3.2 Stadtwerke x GmbH: Organisatorische Entflechtung
3.2.1 Hintergrund und Motivation für die Entflechtung

Die Stadtwerke x haben im Mai 2014 die organisatorische Entflechtung umgesetzt. Die Stadtwerke x GmbH versorgt heute ca. 9.000 Haushalts- und Gewerbekunden mit elektrischer Energie und kann daher diese Regelung als Unternehmen mit weniger als 100.000 Kunden anwenden. Ähnlich wie bei den Stadtwerken y ist auch dies eine Reaktion auf das neue EnWG, welches eine grundlegende Änderung in der Handhabung von Informationen innerhalb solcher Unternehmen verlangte. Die Stadtwerke x haben daraufhin ein Regelwerk erstellt, das die organisatorische Umsetzung der gesetzlichen Anforderungen regelt. Dieses Regelwerk umfasst klare Verantwortlichkeiten und Verfahren, um sicherzustellen, dass Informationen transparent und diskriminierungsfrei behandelt werden.[25]

3.2.2 Umsetzung und Erfahrungen

Um die Anforderungen umzusetzen, hat die Stadtwerke x GmbH ihre interne Organisationsstruktur angepasst und klare Grenzen für Aufgaben und Verantwortlichkeiten festgelegt. Seitdem sind die Aufgaben der Vertriebsabteilung streng vom Shared Service getrennt.[25]

Dieser Schritt war von entscheidender Bedeutung, um sicherzustellen, dass der Netzbetrieb und der Vertrieb unabhängig voneinander agieren und Informationen neutral behandelt werden.

Das Sollkonzept, das die Grundlage für diese organisatorischen Anpassungen bildet, ist in das Regelwerk integriert. Es dient als Leitfaden für die interne Struktur und definiert, wie die Abgrenzung der Aufgaben und Verantwortlichkeiten erfolgen soll, um den gesetzlichen Anforderungen gerecht zu werden. Die Umsetzung dieses Sollkonzepts gewährleistet, dass die Stadtwerke x GmbH die Transparenz und Unabhängigkeit im Energiemarkt aufrechterhalten und so den Zielen des informationellen Unbundlings entsprechen.[25]

---

[25] Vgl. XY-interne Unterlagen im Anhang [Anhang ist aus urheberrechtlichen Gründen nicht im Lieferumfang enthalten.]

Dazu erforderte die Umsetzung der Entflechtung eine klare Verantwortungszuweisung. Die Geschäftsführung der Stadtwerke x trägt die Hauptverantwortung für die Umsetzung und Überwachung der gesetzlichen Anforderungen. Dies schließt die Verpflichtungen gegenüber der Bundes-/Landesnetzagentur ein.[25]

Die Stadtwerke x haben dazu die Möglichkeit, ein Gleichbehandlungsprogramm aufzustellen und einen Gleichbehandlungsbeauftragten zu ernennen, der die Einhaltung überwacht. Dieser Beauftragte ist direkt der Geschäftsführung unterstellt und hat Aufgaben wie die Aufstellung und Anpassung des Gleichbehandlungsprogramms und die Überwachung der Einhaltung.[25]

Es wurde dazu ein Regulierungs-/Kommunikationsbeauftragter ernannt, der für die Kontakte mit der Bundesnetzagentur und anderen Behörden verantwortlich ist. Dieser Beauftragte unterstützt auch den Gleichbehandlungsbeauftragten und stellt sicher, dass die gesetzlichen Vorgaben erfüllt werden.[25]

Die Umsetzung der organisatorischen Entflechtung verlief weitgehend reibungslos. Die beiden Geschäftsbereiche arbeiten eng zusammen und haben ein gemeinsames IT-System.[25]

3.2.3 Ergebnisse und Auswirkungen

Die Umsetzung dieses Regelwerks hat verschiedene Auswirkungen auf die Stadtwerke x.

Unter anderem werden klare Grundsätze für die Weitergabe von Informationen festgelegt, um sicherzustellen, dass diese nicht diskriminierend sind und vertraulich behandelt werden. Dies betrifft sowohl den Netzbetrieb als auch den Vertrieb sowie die Kommunikation mit Kunden und Behörden. Zudem ist die Organisationsstruktur angepasst worden, um eine klare Trennung von Netzbetrieb und Vertrieb sicherzustellen. Dies schließt räumliche Trennung und Zugriffsberechtigungen mit ein. Dazu sind Mitarbeiter seither verpflichtet, Kundenanfragen entsprechend ihrer Art zu behandeln und sie an die richtigen Stellen weiterzuleiten. Ebenso gelten seither besondere Regeln für den Abschluss von Verträgen und die Informationen, die den Kunden zur Verfügung gestellt werden.

Zusammenfassend ermöglicht die Umsetzung dieses Regelwerks den Stadtwerken x, die gesetzlichen Anforderungen des informationellen Unbundling zu erfüllen und gleichzeitig die Unabhängigkeit des Netzbetriebs sicherzustellen. Dies trägt dazu bei, faire Wettbewerbsbedingungen im Energiemarkt zu gewährleisten.

4. Vergleich der Entflechtungsansätze und -tiefen

4.1 Gemeinsamkeiten und Unterschiede

Die beiden Fallbeispiele der Stadtwerke y AG und der Stadtwerke x GmbH zeigen sowohl Gemeinsamkeiten als auch Unterschiede bei der organisatorischen und gesellschaftsrechtlichen Entflechtung auf. So verfolgen beide Entflechtungsansätze das Ziel, die Unabhängigkeit des Netzbetriebs von anderen Unternehmensbereichen zu gewährleisten, was dazu beitragen soll, einen diskriminierungsfreien Zugang zum Stromnetz für alle Marktteilnehmer sicherzustellen. Ebenfalls erfordern beide Entflechtungsansätze eine Anpassung der internen Organisationsstruktur und der Prozesse.

Dabei geht die gesellschaftsrechtliche Entflechtung allerdings weiter als die organisatorische Entflechtung, denn u.a. ist die Netzgesellschaft hier eine eigenständige juristische Person und hat ein eigenes Leitungsorgan und auch die Mitarbeiter der Netzgesellschaft sind nicht in die Strukturen des Energieversorgers eingebunden. Die organisatorische Entflechtung hingegen beschränkt sich auf die Trennung von Aufgaben und Verantwortlichkeiten innerhalb eines Unternehmens und die Netzgesellschaft ist keine eigenständige juristische Person und hat kein eigenes Leitungsorgan. Die Mitarbeiter der Netzgesellschaft können auch in anderen Unternehmensbereichen tätig sein.

4.2 Bewertung der Entflechtungstiefen in Bezug auf Effizienz und Wettbewerb

Die gesellschaftsrechtliche Entflechtung erscheint aufgrund der vollständigen Trennung von Netzgesellschaft und Interessen des Energieversorgers als effektivere Maßnahme zur Gewährleistung der Netzunabhängigkeit, jedoch kann die organisatorische Entflechtung dies ebenfalls gewährleisten, sofern die Trennung von Aufgaben und Verantwortlichkeiten konsequent umgesetzt wird.

In Bezug auf die Effizienz hat die gesellschaftsrechtliche Entflechtung den Vorteil, dass sie die Komplexität der Unternehmensstruktur reduziert, was zu Kosteneinsparungen führen kann. Die organisatorische Entflechtung kann dagegen zu Effizienzgewinnen führen, wenn sie zu einer verbesserten Zusammenarbeit zwischen Netzbetrieb und Vertrieb führt.

In Bezug auf den Wettbewerb hat die gesellschaftsrechtliche Entflechtung den Vorteil, dass sie den Zugang zum Stromnetz für alle Marktteilnehmer fairer gestaltet, was möglicherweise die Wettbewerbsfähigkeit im Energiemarkt steigern kann. Hingegen kann die organisatorische Entflechtung zu Wettbewerbsvorteilen für den Energieversorger führen, wenn dieser über einen eigenen Netzbetrieb verfügt. Dies ist insbesondere dann der Fall, wenn der Netzbetrieb durch die organisatorische Entflechtung Kostenvorteile gegenüber anderen Netzbetreibern erhält.

4.3 Auswirkungen auf die Energiebranche und Verbraucher

Der Unbundlingansatz löst den inhärenten Interessenkonflikt, der im Stromsektor existiert, wirksam auf. Dies ermöglicht einen diskriminierungsfreien Netzzugang, da das neue Unternehmen indifferent gegenüber der Frage ist, welche Partei das Netz nutzen möchte. Dies erfordert jedoch weiterhin eine Überwachung durch die Regulierungsbehörde, um Monopolmissbrauch durch den Netzbetreiber zu verhindern.[26]

Die Einnahmen des entflochtenen Netzbetreibers basieren allein auf Netznutzungsgebühren, was einen Anreiz schafft, die Kapazität des nationalen Netzes zu erhöhen, um Engpässe zu vermeiden. Fusionen oder Übernahmen mit anderen Netzbetreibern, auch ausländischen, sind möglich und können Effizienzvorteile bieten. Trotz dieser potenziellen Vorteile bedeutet das Unbundling einen erheblichen Eingriff in die Eigentumsrechte der Stromkonzerne und birgt rechtliche Unsicherheiten, da es unklar ist, ob es gegen europäische oder nationale Vorschriften verstößt.[26]

Die Frage, ob die gleichen Wettbewerbseffekte mit weniger weitreichenden Entflechtungskonzepten erzielt werden können, ist umstritten. Der Prozess der Entflechtung verursacht einmalige Transaktionskosten, da der Netzbetrieb und Vermögenswerte aus dem integrierten Unternehmen herausgelöst werden müssen,[27] und führt ebenso zum Wegfall vertikaler Verbundeffekte. Dies könnte zu Über- oder Unterinvestitionen in das Stromnetz führen, abhängig von der Qualität der Regulierung.[27]

Insgesamt hat das Unbundling tiefgreifende Auswirkungen auf die Energiebranche und die Verbraucher, es schafft Wettbewerb und Netzzugang, geht jedoch mit rechtlicher Unsicherheit und Transaktionskosten einher.[27]

5. Schluss

5.1 Zusammenfassung und Ausblick

Diese Ausarbeitung widmet sich dem Thema der Entflechtung in der Energieversorgungsbranche, wobei sowohl die organisatorische als auch die gesellschaftsrechtliche Entflechtung beleuchtet werden. Zwei Fallstudien von Energieversorgungsunternehmen, den Stadtwerken y AG und den Stadtwerken x, dienen als Grundlage für die Analyse und Bewertung der Auswirkungen dieser Entflechtungsansätze.

---

[26] Vgl. Büdenbender (2010), S. 13-15
[27] Vgl. Büdenbender (2010), S. 13-15

Die Untersuchung der theoretischen Grundlagen zur Entflechtung verdeutlicht die Notwendigkeit des Unbundlings, um den Wettbewerb auf den Energiemärkten zu fördern und die Ziele der Liberalisierung zu erreichen. Dabei werden auch die verschiedenen Arten und Tiefen der Entflechtung erläutert.

Die Fallstudien zeigen, dass die Stadtwerke y sich für eine gesellschaftsrechtliche Entflechtung entschieden haben, indem sie die y Netz GmbH als eigenständige Tochtergesellschaft gründeten. Die Stadtwerke x hingegen haben eine organisatorische Entflechtung durchgeführt, um die Unabhängigkeit des Netzbetriebs von anderen Unternehmensbereichen zu gewährleisten.

Die beiden Entflechtungsansätze haben sowohl Vor- als auch Nachteile. Die gesellschaftsrechtliche Entflechtung ist die effektivere Maßnahme zur Gewährleistung der Netzunabhängigkeit, kann jedoch zu höheren Kosten für Energieversorger führen. Die organisatorische Entflechtung kann zu Effizienzgewinnen führen, kann jedoch auch zu Wettbewerbsvorteilen für den Energieversorger führen. Die Entscheidung für eine bestimmte Entflechtungstiefe ist daher eine Abwägung zwischen den verschiedenen Zielen und Auswirkungen.

Insgesamt hat die Entflechtung tiefgreifende Auswirkungen auf die Energiebranche und die Verbraucher. Sie schafft Wettbewerb und einen diskriminierungsfreien Netzzugang, geht jedoch mit rechtlichen Unsicherheiten und Transaktionskosten einher. Die Entwicklung in diesem Bereich wird weiterhin von regulatorischen Entwicklungen und technologischen Innovationen geprägt sein. Es ist wichtig, die Entwicklungen in der Energieversorgungsbranche aufmerksam zu verfolgen und die Entflechtung entsprechend anzupassen, um die Ziele der Liberalisierung und Nachhaltigkeit zu erreichen. Potenzielle Empfehlungen und Perspektiven für zukünftige Entwicklungen im Bereich der Entflechtung sollten daher sorgfältig evaluiert werden.

5.2 Kritische Würdigung

Die Erstellung dieser Arbeit war von der Herausforderung geprägt, das breite Spektrum des Entflechtungsthemas innerhalb der üblichen Assignment-Grenzen zu behandeln, ohne dabei an Tiefe und Verständlichkeit zu verlieren. Trotz der begrenzten Seitenanzahl wurden wesentliche Aspekte dargelegt, wobei jedoch die Vertiefung bestimmter Themen aufgrund des begrenzten Rahmens unterblieb. Die bewusste Entscheidung, die Arbeit nicht zu überfrachten, ermöglichte dafür aber die Definition zentraler Bestandteile und Merkmale.

Es ist zudem zu erwähnen, dass in einer kompakten wissenschaftlichen Arbeit wie dieser, der Anspruch auf Vollständigkeit naturgemäß begrenzt ist. Der Autor konnte dennoch sein Wissen im Energiewirtschaftsbereich vertiefen und ausbauen. Ebenso kann die vorliegende Ausarbeitung eine Grundlagen für weiterführende Forschung und vertiefte Analysen dienen und kann dazu in Anbetracht der ständigen Entwicklungen in der Energiewirtschaft und der fortlaufenden gesetzlichen Veränderungen als dynamischer Ausgangspunkt für zukünftige Forschungsrichtungen betrachtet werden.

Literaturverzeichnis

Buchquellen

Büdenbender, Martin (2010): *Entflechtung von Stromnetzen in Deutschland und Europa im Rahmen des dritten EU-Legislativpakets – Eine Problemdarstellung.* In: Arbeitspapiere des Instituts für Genossenschaftswesen der Westfälischen Wilhelms-Universität Münster, No. 91, Hrsg. von: Westfälsche Wilhelms-Universität Münster (WWU), Institut für Genossenschaftswesen

Brunekreeft, Gert et al. (2009): *Entflechtung auf den europäischen Strommärkten: Stand der Debatte.* In: Fallstudien zur Netzökonomie, Hrsg. von: Gabler

Kruck, Nadine (2018): *Energiewirtschaft 2030: Mit Digitalisierung und Innovation zum virtuellen Energieversorgungsunternehmen*, Hrsg. von: Hochschule für Wirtschaft, Technik und Kultur Leipzig

Liebert, Melanie (2017): *Die Entflechtung im Zusammenhang mit aktuellen Herausforderungen der Stromwirtschaft*, Hrsg: von Deutschland: Cuvillier Verlag

Internet- und sonstige Quellen

Controlling-Wiki (2020): *Vertikale Integration*, Hrsg. von: wiki.hslu.ch, https://wiki.hslu.ch/controlling/Vertikale_Integration (Zugriff am 15.11.2023)

CPC AG (2023): *Rollout Management*, Hrsg. von: cpc-ag.de, https://cpc-ag.de/rollout-management/#:~:text=Rollout%20bedeutet%20so%20viel%20wie,national%20wie%20international%20%E2%80%93%20implementiert%20werden (Zugriff a 15.11.2023)

Die Bundesregierung (2023): *Die Europäische Kommission*, Hrsg. von: www.bundesregierung.de, https://www.bundesregierung.de/breg-de/schwerpunkte/europa/eu-kommission-kurz-erklaert-328740#:~:text=Die%20Europ%C3%A4ische%20Kommission%20(%20EU%20%2DKommission,und%20die%20europ%C3%A4ische%20Integration%20voranzutreiben (Zugriff am 15.11.2023)

Oxford Languages (2023): *Inhärent*, Hrsg. von: https://languages.oup.com/google-dictionary-de/, inhärent - Google Suche (Zugriff am 15.11.2023)

Oxford Languages (2023): *Monopolstellung*, Hrsg. von: https://languages.oup.com/google-dictionary-de/, monopolstellung - Google Suche (Zugriff am 15.11.2023)

Pressebox (2007): *2-Mandanten-Modell erfolgreich umgesetzt*, Hrsg. von: www.pressebox.de, https://www.pressebox.de/inaktiv/sivag/2-Mandanten-Modell-erfolgreich-umge-setzt/boxid/134957 (Zugriff am 15.11.2023)

Virtuelles Kraftwerk (2021): *Redispatch 2.0 – Was Anlagenbetreibende jetzt wissen müssen*, Hrsg. von: www.interconnector.de, https://www.interconnector.de/energieblog/redispatch-2-0-was-anlagenbetreiber-jetzt-wissen-muessen/#:~:text=Stre-cken%20ben%C3%B6tigt%20werden.-,Was%20ist%20Redis-patch%202.0%3F,vor%20einer%20%C3%9Cberlastung%20zu%20sch%C3%BCtzen (Zugriff am 15.11.2023)

Wikipedia (2018): *Shared Services*, Hrsg. von. www.wikipedia.de, https://de.wikipe-dia.org/wiki/Shared_Services (Zugriff am 15.11.2023)

Wikipedia (2023): *Entflechtung (Unternehmen)*, Hrsg. von: www.wikipedia.de, https://de.wikipe-dia.org/wiki/Entflechtung_(Unternehmen) (Zugriff am 15.11.2023)

Wikipedia (2023): *Liberalisierung*, Hrsg. von: www.wikipedia.de, https://de.wikipe-dia.org/wiki/Liberalisierung#:~:text=Wirtschaftliche%20Liberalisierung,-%E2%86%92%20Hauptartikel%3A%20Wirtschaftsliberalis-mus&text=Heute%20steht%20der%20Begriff%20allgemein,der%20Ener-giem%C3%A4rkte%20oder%20des%20Telekommunikationsmarktes (Zugriff am 15.11.2023)